高雷建筑画集

高雷 著

中国建筑工业出版社

图书在版编目（CIP）数据

高雷建筑画集 / 高雷著. — 北京：中国建筑工业出版社，2018.3
ISBN 978-7-112-21773-1

Ⅰ.①高… Ⅱ.①高… Ⅲ.①建筑画 — 作品集 — 中国 — 现代 Ⅳ.① TU204.132

中国版本图书馆CIP数据核字（2018）第012396号

本书是一本建筑画集，内容包括铅笔画、钢笔画和水彩画。铅笔画又分圆头铅笔画、尖头铅笔画、扁头铅笔画、临摹铅笔画；水彩画又分水彩速写、水彩渲染、水粉渲染、水笔淡彩、炭笔淡彩等。全书共收入作者建筑画 130 幅。

本书可供广大建筑师、规划师、风景园林师、高等院校建筑学、城市规划学、风景园林学等专业师生参考。

责任编辑：吴宇江　许顺法
责任校对：王宇枢　张　颖

高雷建筑画集
高雷　著
*
中国建筑工业出版社出版、发行（北京海淀三里河路9号）
各地新华书店、建筑书店经销
北京点击世代文化传媒有限公司制版
廊坊市海涛印刷有限公司印刷
*
开本：787×1092毫米　1/12　印张：12　插页：1　字数：216千字
2018年5月第一版　2018年5月第一次印刷
定价：88.00元
ISBN 978-7-112-21773-1
（31601）

PREFACE

前言

此画集的问世，可谓是我从青年步入建筑学专业，至今83岁耄耋之年，历65年沧桑岁月留下的一些铅笔、钢笔及水彩建筑画的点滴痕迹。今日付梓可谓是一位在祖国大地上土生、土长、土培养的建筑工作者，将自己一生中匆忙时刻绘制的建筑美术画，留给新生的一大批建筑工作者，成为他们成长中可资利用的肥料，也可称是向培养我的前辈老师们的汇报。

1953年我考入清华大学土建系，分配专业前对要求入建筑学专业的还要加美术测试，默画一幅铅笔画。我默背了一幅儿时画的铅笔风景画，被荣幸录取。大学六年制，第一年学铅笔素描，第二年学水彩。时间虽不长，但却奠定了我学建筑学的美术基础。起初我用普通的B型圆头铅笔绘制。大学三年级时，同班同学费麟获得一本从美国寄来的《考茨基扁头铅笔画》，我如饥似渴地全部临摹下来，后被一位同学借去欣赏，就再也没还给我。那时年轻也没想讨回来，可我却熟悉了扁头铅笔画的技法，给我外出写生带来极大的益处。大学毕业后留校任教，在系资料室看书时发现美国20世纪初的“Pencil Point”和“Forum”建筑杂志中有许多精彩的尖头铅笔画，厚厚的一本杂志中往往只有一张。我和资料室管理员商量：每周六下午关门时借我一本，周日带回单身宿舍临摹。周一上午8点钟开门时我准时还给他。就这样我难得地获机将能找到的精彩铅笔画尽量临摹下来。这些都是20世纪世界建筑画的精品，为当时在美国任教的法国老师绘制。其线条简练，重点突出，构图精美，画风隽永，十分耐看。此集选登数幅，可资建筑学者借鉴。在我步入工作后，曾依这三种铅笔画技法在平时出差和旅行中绘制所见的一些建筑与风景，几分钟即完成一幅。

钢笔画作为一个画种，在建筑界是非常方便实用的。我在读大学时美术老师没教过我

们，可发给我们的许多建筑历史参考图，都是老师精心绘制的。潜移默化中，也引导了我们如何绘制钢笔画。后在工作中偶然发现，天津大学的建筑研究生，其论文中大量插图都用钢笔画，线条清晰、效果极好。我在当时写的一些论文中用黑白照片表现具象时，远不如钢笔画效果好。20 世纪 70 年代，我从北京调至南宁市区建委综合设计院工作，有机会常去桂林，发现以尚廓为代表的一批同行用马克笔绘制建筑方案图，效果新颖。这启发我用更方便的钢笔，可随时记录身边所见的令我欣赏的建筑和风景。在技法上我融合西方抽象简练的图案手法，和我国传统的“界画”技法，创作出我自己特色的钢笔画。“桂林集锦”绘制后，曾获得当时许多年轻学生和建筑师的喜爱，纷纷传抄赠送，曾风靡一时。这次将“桂林集锦”和“广州瞥华”部分作品展示给大家仅供参考。而广西古建筑部分我仍以传统的钢笔画技法绘制，不同的对象选用不同的技法表现。

水彩画一般需要坐下来静静绘制。由于我的工作和生活状态较少有这种机会，故作品不多。本集多为在北京和广西工作时抽空绘制的。几幅水彩渲染、水粉渲染、钢笔淡彩和炭笔淡彩多为工程设计中所需的表现图。数量不多，质量也不高，复印出来算是与同行的交流和作为向教过我的老师们的汇报纪念。

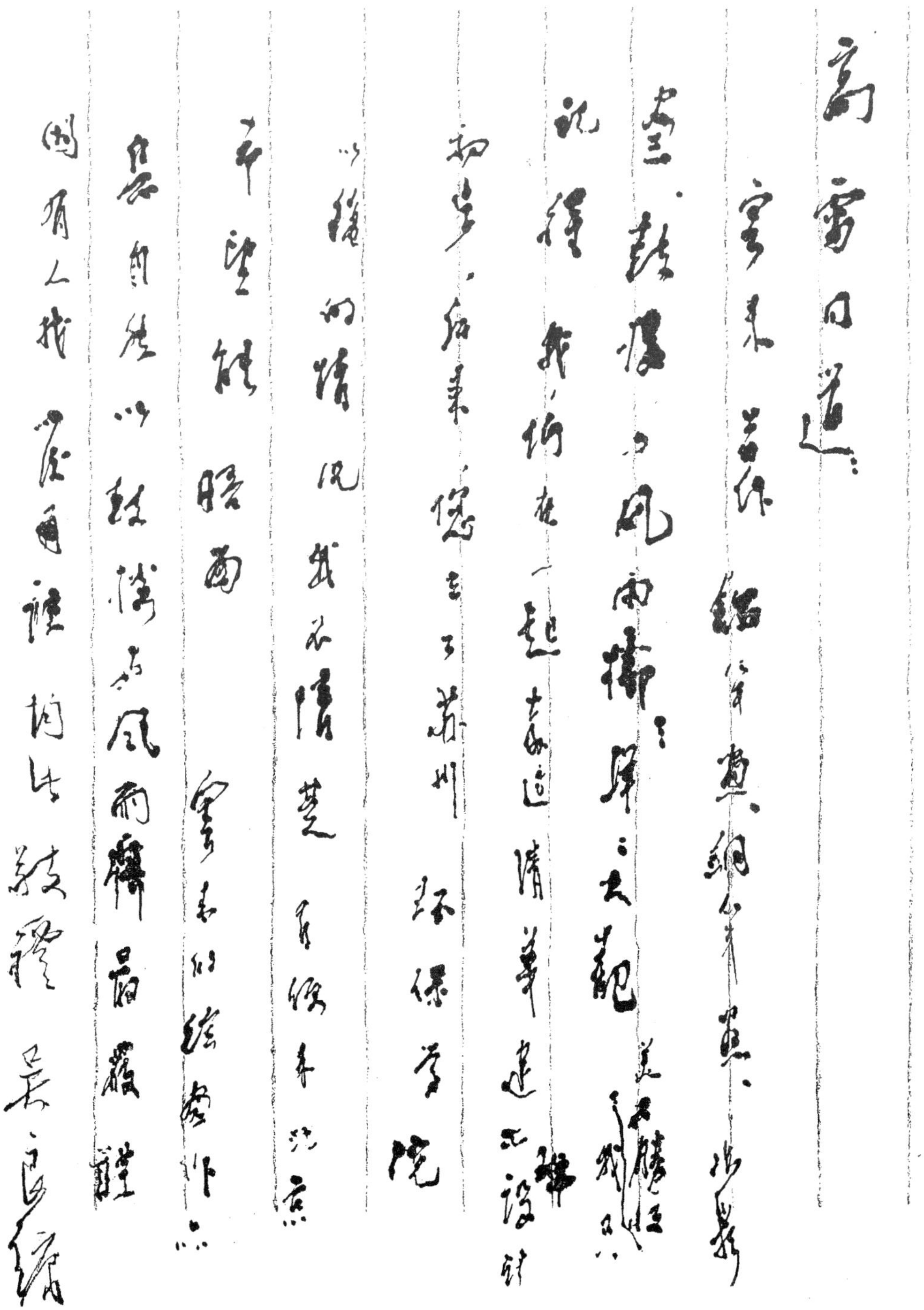

高雷同道：

　　寄来吉作，《铅笔画》《钢笔画》《水彩画》《鼓楼与风雨桥》：洋洋大观、美不胜收。我只记得，我们在一起教过清华建五班的设计初步，后来您去了苏州城建环保学院，以后的情况我不清楚。有便来北京，希望能晤面。寄来的绘画作品集，自然以《鼓楼与风雨桥》最得体。因有人找，以后再谈，均此敬礼。

吴良镛

（吴良镛，中国科学院院士、中国工程院院士，清华大学建筑学院教授）

　　注：这封信是我于 2016 年出版了《广西三江侗族自治县鼓楼与风雨桥》《高雷铅笔画集》《高雷钢笔画集》《高雷水彩画集》共 4 本书后，赠送给我在北京的 50 位同学、同仁和老师们的。给我回音的约有十分之一，而给我回音最早的是我们尊敬的 96 岁高龄的吴良镛先生。吴老亲自用毛笔以传统的竖写形式用挂号信寄给我，这使我受宠若惊、异常感动。

　　吴先生是我国两院院士、建筑界泰斗，平时工作非常忙，身体又不太好，可对我们这些晚辈、后生在建筑事业上做出一点点工作，却如此关怀、肯定，实在值得我们学习。故在出版这本画集时，我将此信公诸于众，勉励自己，也与大家共同尊崇吴先生德高天下的优秀品质。

高雷

2018 年 3 月于苏州

CONTENTS

目录

中篇　钢笔画

下篇　水彩画

上篇
铅笔画

一、圆头铅笔画

◎ 苏州留园

◎ 北京国子监牌楼

◎ 北京德胜门箭楼

朝辞白帝彩云间，
千里江陵一日还。
两岸猿声啼不住，
轻舟已过万重山。
——（唐）李白

◎ 长江奉节县白帝城

◎ 长江瞿塘峡入口

◎ 宝成铁路过秦岭观音山的险景

◎ 柳州市南碧螺簪

◎ 从桂林漓江西岸望对岸七星岩

◎ 桂林漓江畔

清·张宝 诗一首描述此处景致

奇石嵯峨古渡头，

訾洲红叶桂林秋。

洞中穿过高楼望，

人在荆关画里游。

◎ 从桂林叠彩山拿云亭鸟瞰全城

197

的天然美

尼克松外

跟桂林相

郭沫若曾为灵渠咏诗一首

秦皇毕竟是雄才，
北筑长城南岭开。
铧嘴劈湘分半壁，
灵渠通粤上三台。
江山一统泯畛域，
工匠三人叠主裁。
传说猪龙深作孽，
英雄伟绩费疑猜。

◎ 桂林兴安县灵渠南陡阁

◎ 广西兴安县古灵渠

◎ 广西藤县西江边一景

二、尖头铅笔画

◎ 重庆市储奇门轮渡口

◎ 浙江省衢州市天后街

◎ 浙江省衢州市西河沿小巷之一

◎ 浙江省衢州市西河沿小巷之二

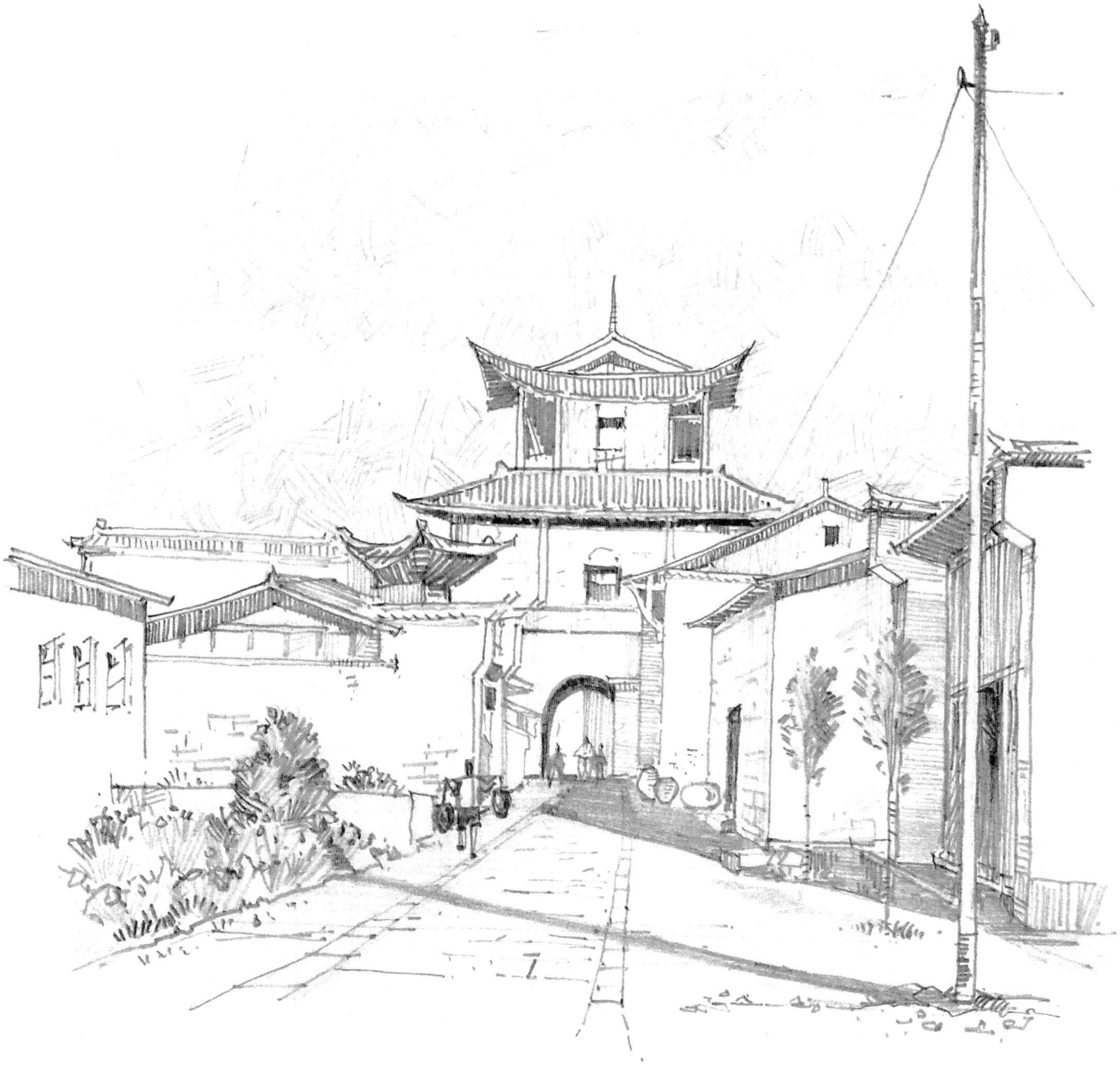

◎ 浙江省衢州市钟楼底

◎ 浙江省衢州市小西门

◎ 广州市北郊三元里三元庙（1840 年鸦片战争反英农民军指挥所）

◎ 重庆市曾家岩（抗日战争时八路军办事处、周恩来总理居住地）

◎ 上海市中共“一大”会址

◎ 浙江省常山县芳村村门

◎ 浙江省常山县宋畈村农宅

◎ 广西容县真武阁

◎ 四川省绵阳市汉阙

◎ 广西省北流县拱桥上的关帝庙

三、扁头铅笔画

◎ 南京中山陵纪念堂

◎ 上海市襄阳公园

◎ 太原市某古宅大门

◎ 太原市晋祠圣母殿

◎ 西安市大雁塔

◎ 宝成路嘉陵江边火车穿洞之景

◎ 长江巫峡

◎ 长江西陵峡

◎ 北京北郊元代居庸关云台

◎ 北京八达岭长城居庸关关门

◎ 桂林市象鼻山及远处的南溪山

◎ 桂林市漓江穿山

◎ 桂林市漓江象鼻山

四、临摹铅笔画

◎ 西格威天主教堂

◎ 法国巴黎圣母院

◎ 纽约街景

◎ 威尼斯街景

◎ 巴黎 1924 年某街景

◎ 巴黎老街

◎ 西麦古城门

中篇

钢笔画

一、桂林集锦

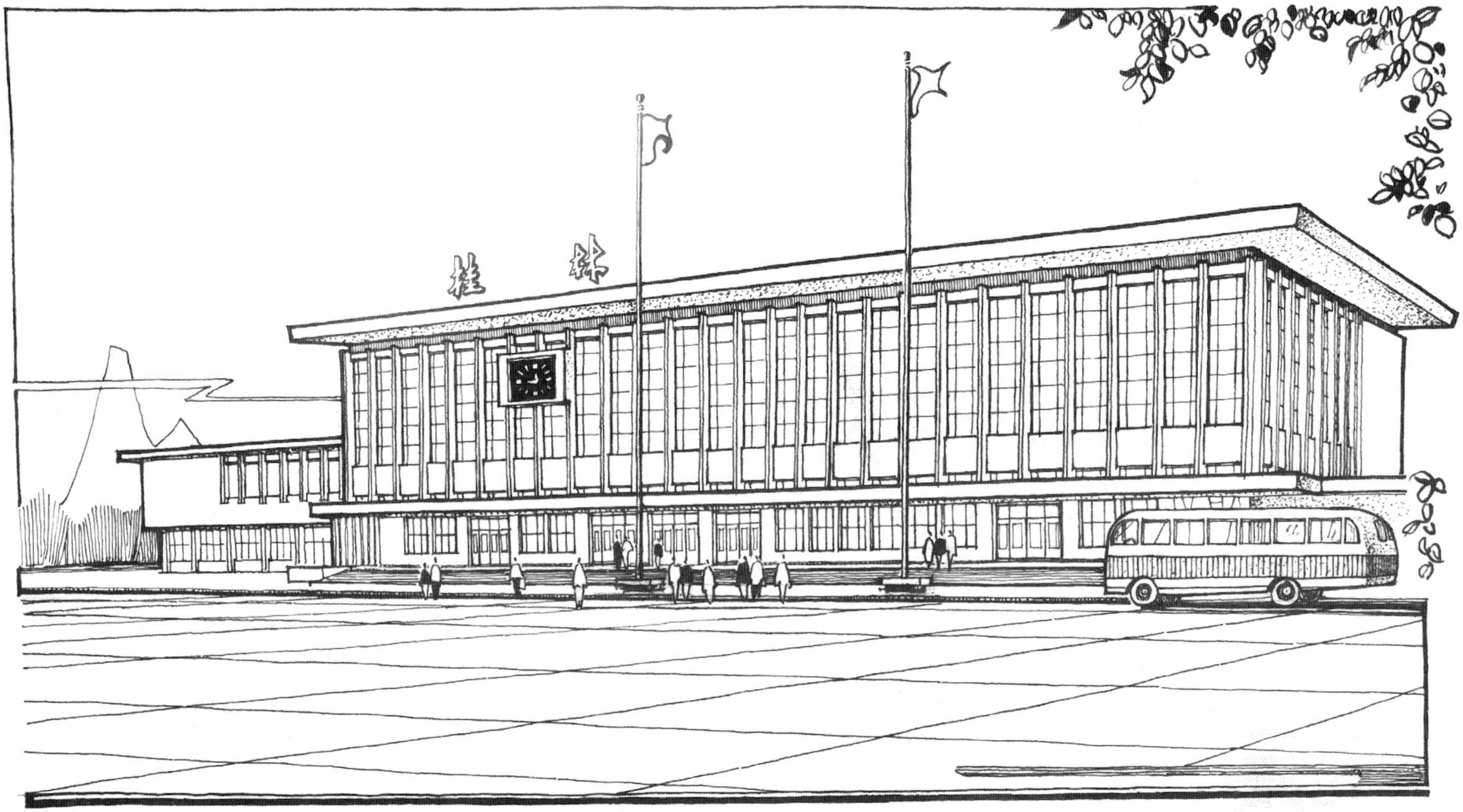

◎ 桂林火车站

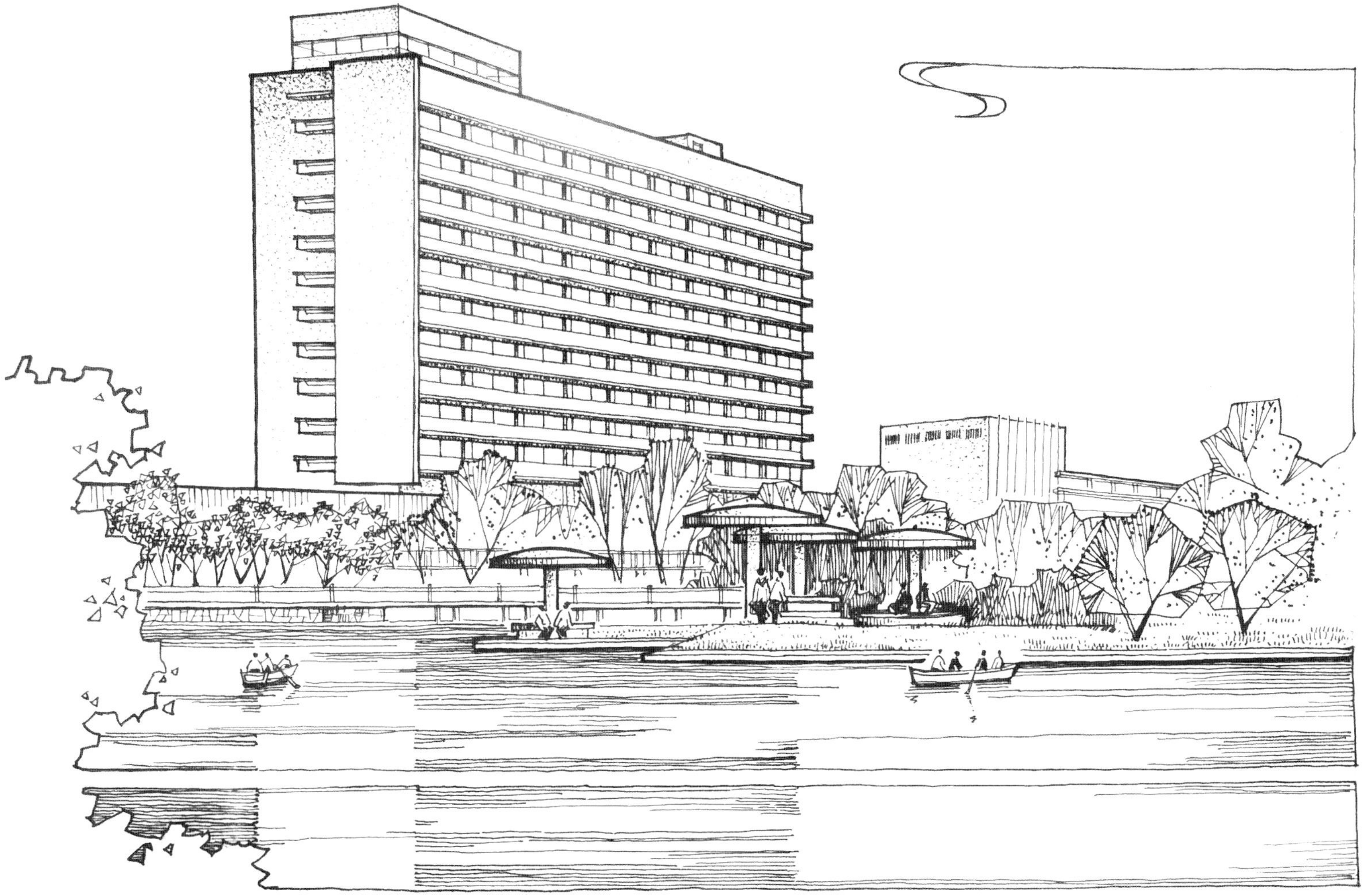

◎ 桂林漓江饭店

◎ 桂林七星岩公园月牙楼

◎ 桂林七星岩公园驼峰茶室

◎ 桂林七星岩公园普陀山拱星山门

◎ 桂林七星岩公园四仙岩出口之栖霞亭

◎ 桂林七星岩公园盆景园入口

◎ 桂林七星岩公园龙隐洞大门

◎ 桂林七星岩公园桂海碑林

◎ 桂林七星岩花桥展览馆水榭

◎ 桂林芦笛岩洞口亭

◎ 桂林芦笛岩休息亭接待室

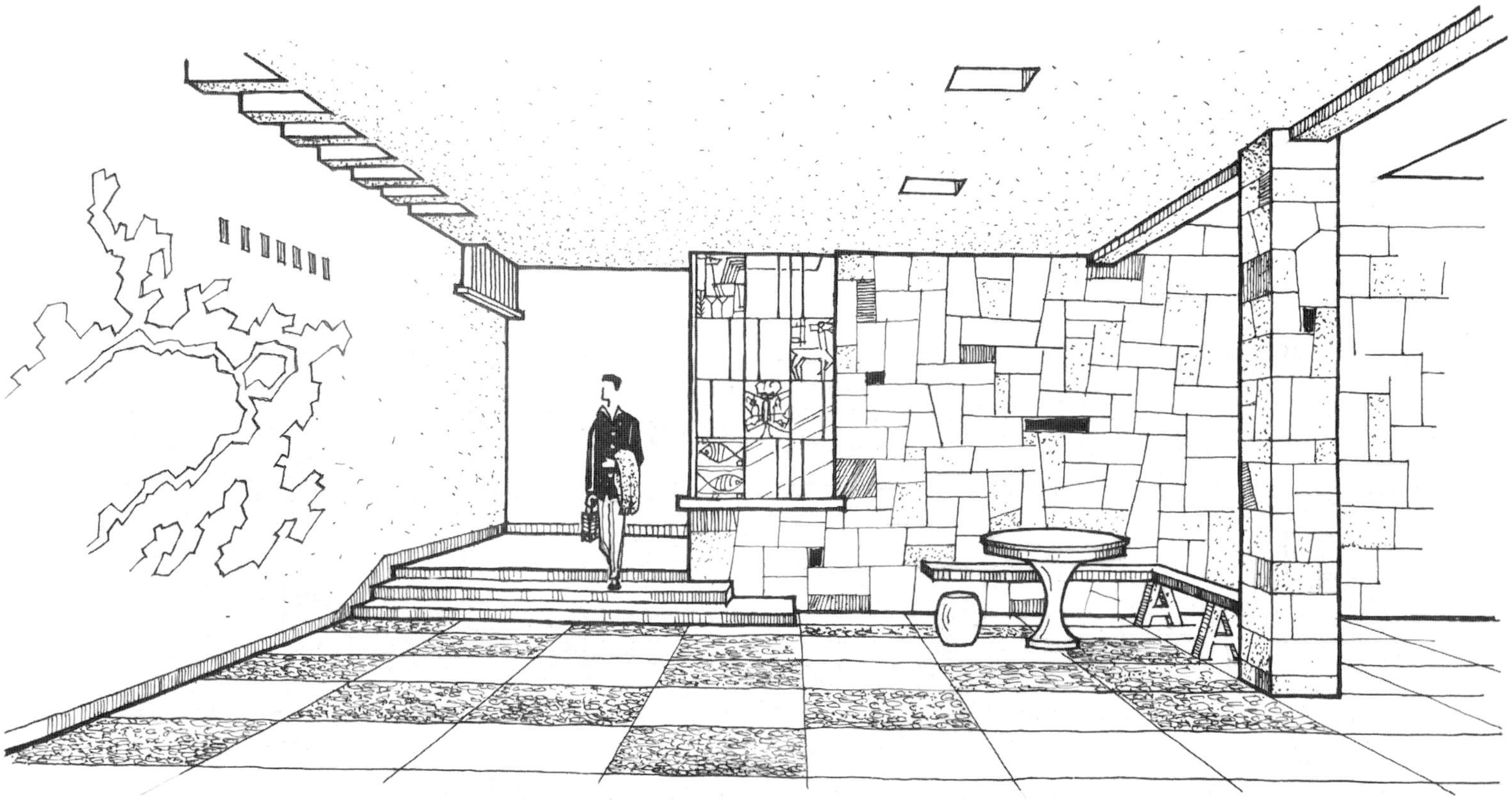

◎ 桂林芦笛岩洞口亭内景

◎ 桂林芦笛岩贵宾休息室

◎ 桂林芦笛岩贵宾休息室内景

◎ 桂林芦笛岩芳莲池水榭

◎ 桂林伏波山伏波楼

◎ 桂林伏波山伏波楼休息亭内景

◎ 桂林南溪山公园白龙桥

◎ 桂林榕湖饭店四号楼外貌

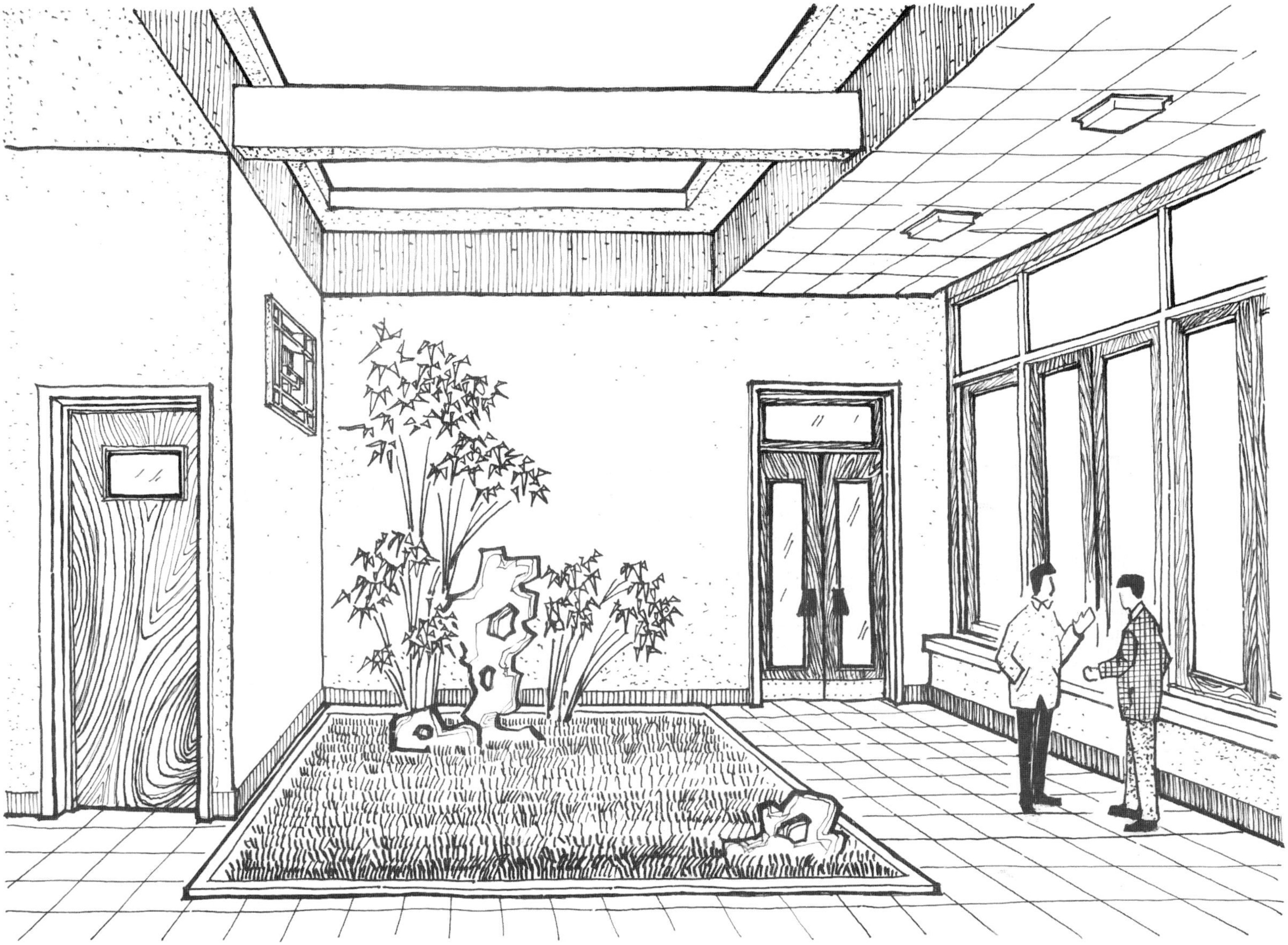

◎ 桂林榕湖饭店小礼堂休息厅

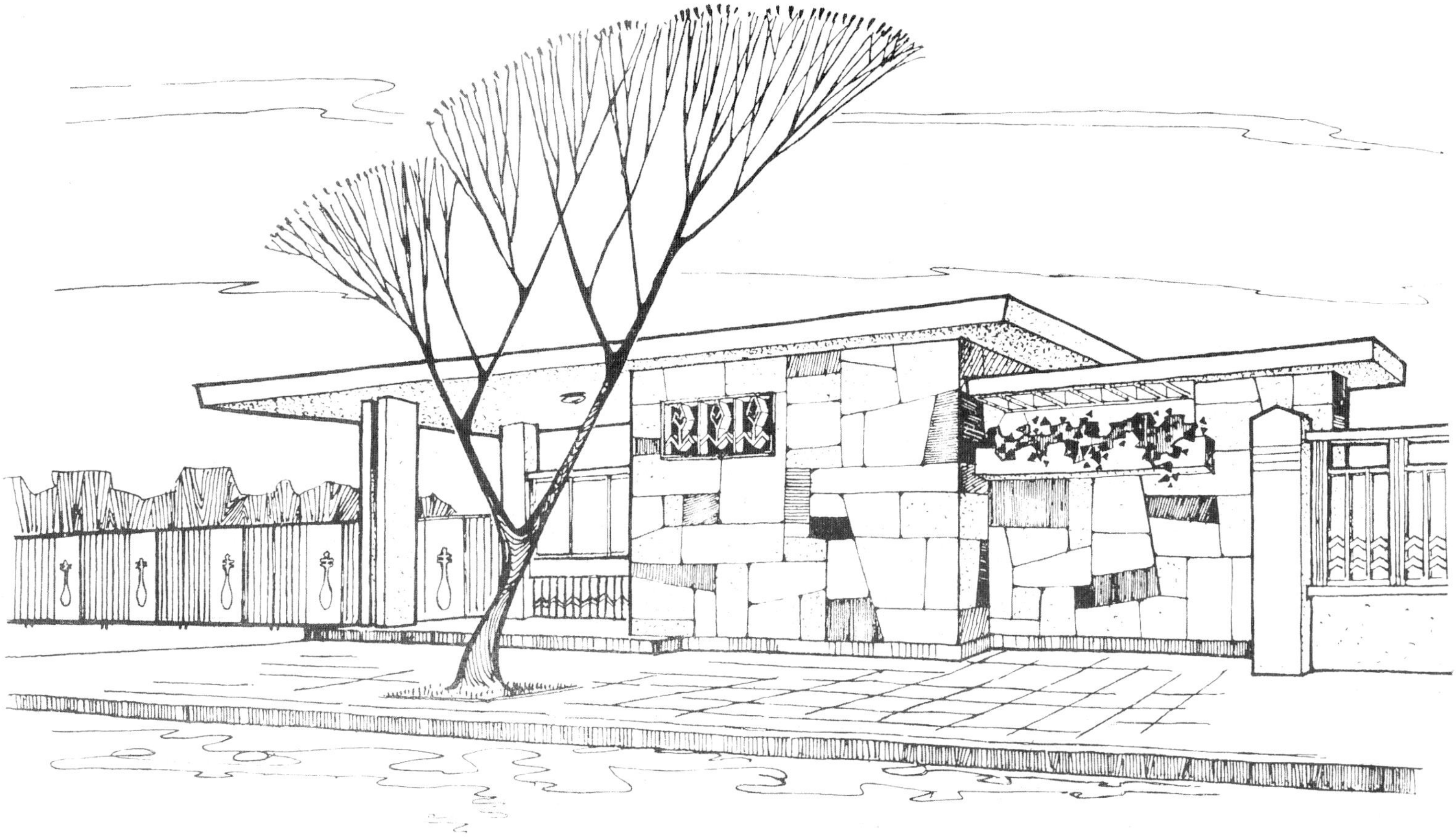

◎ 桂林漓江剧院售票亭

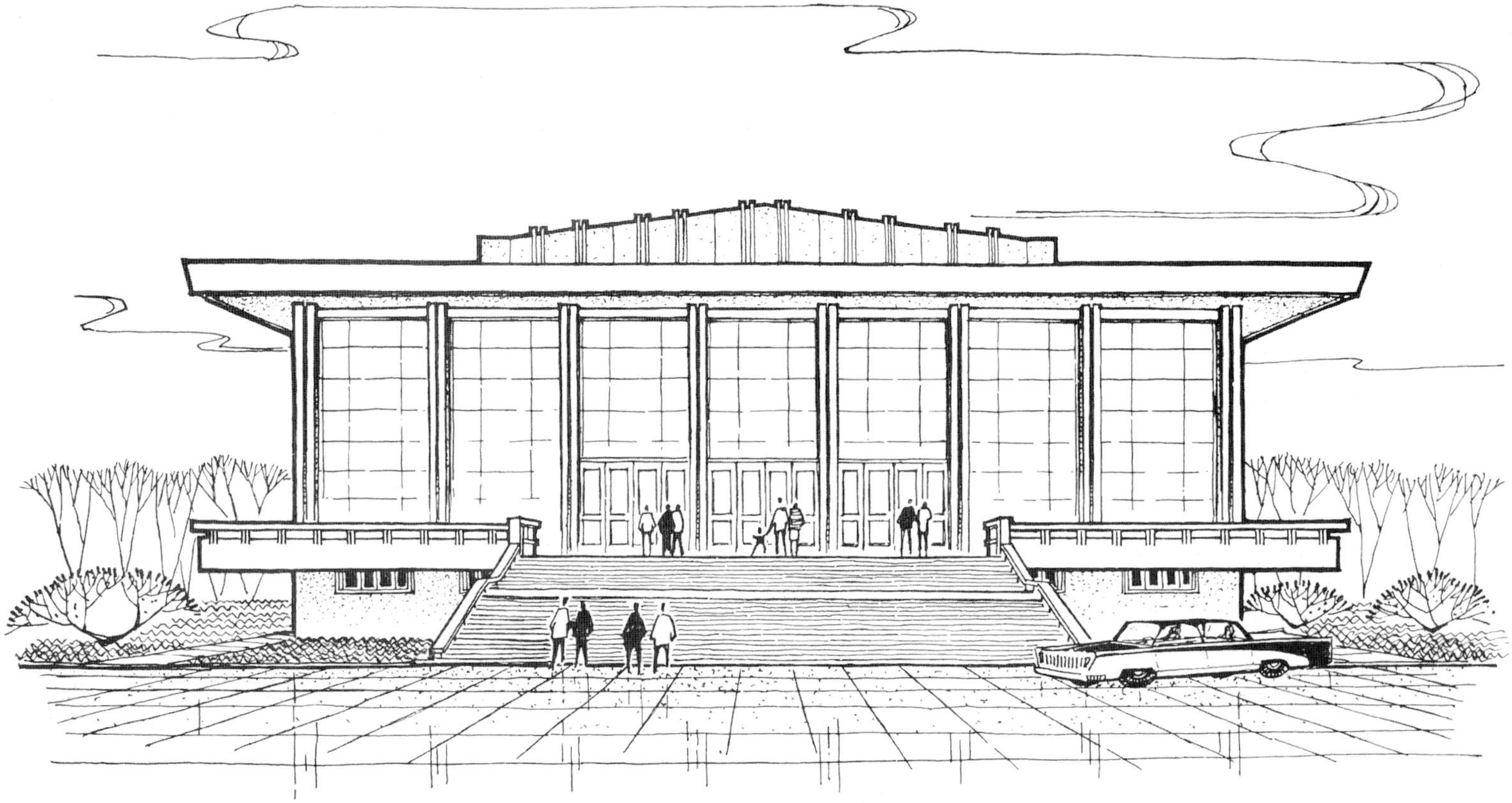

◎ 桂林漓江剧院正立面

◎ 桂林漓江剧院外貌

◎ 桂林漓江剧院门厅

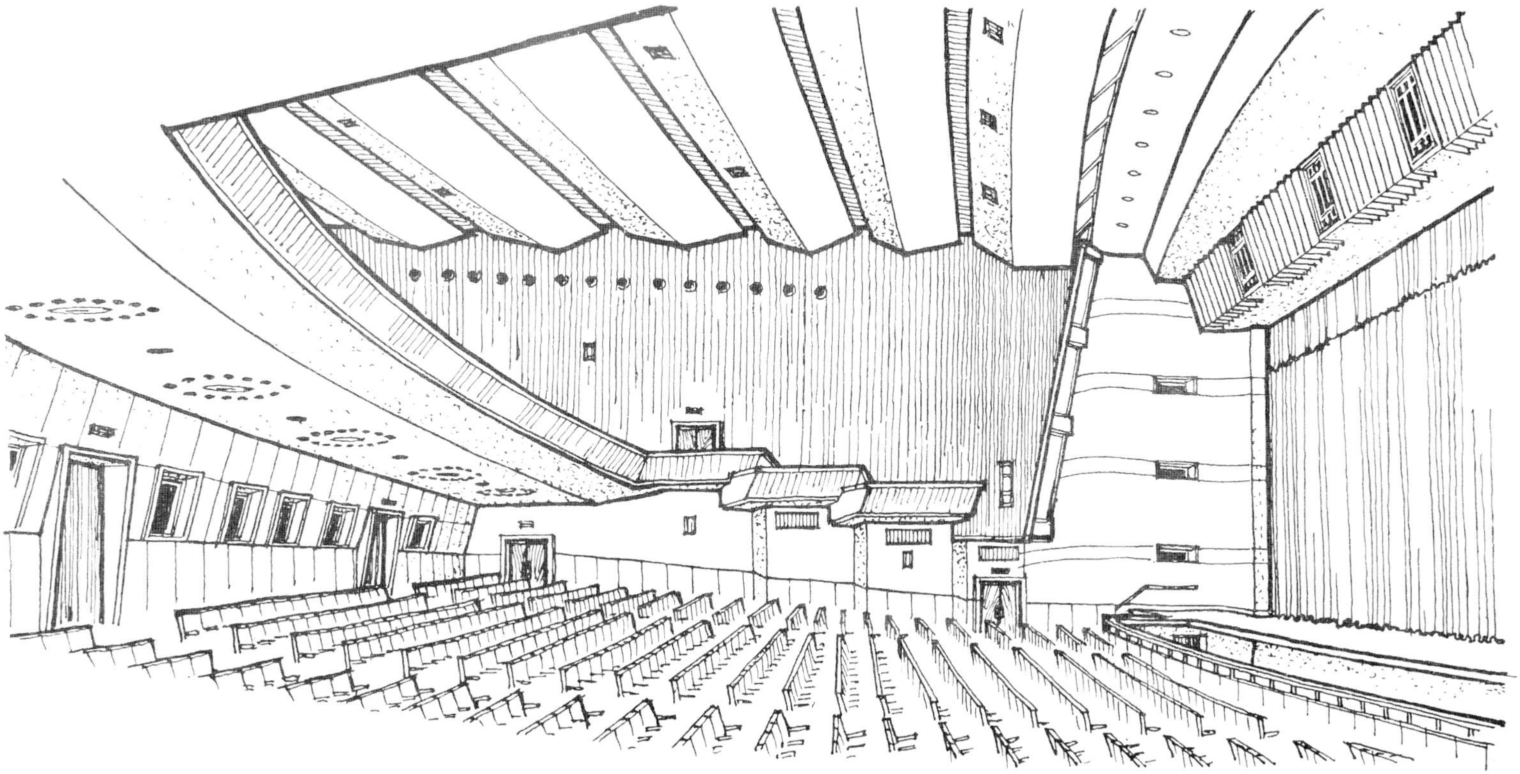

◎ 桂林漓江剧院观众厅

二、广州瞥华

◎ 广州友谊剧院入口立面

◎ 广州东方宾馆新楼西立面

◎ 广州东方宾馆新楼中座首层庭院

◎ 广州矿泉别墅内庭之照壁

◎ 广州双溪宾馆开敞休息厅

◎ 广州电报大楼北立面

◎ 广州泮溪酒家

◎ 广州越秀公园儿童乒乓馆

◎ 广州少年宫

三、广西古建筑

◎ 广西合浦县海角亭

◎ 广西合浦县东坡亭

◎ 广西玉林市文昌阁

◎ 广西藤县浮金亭

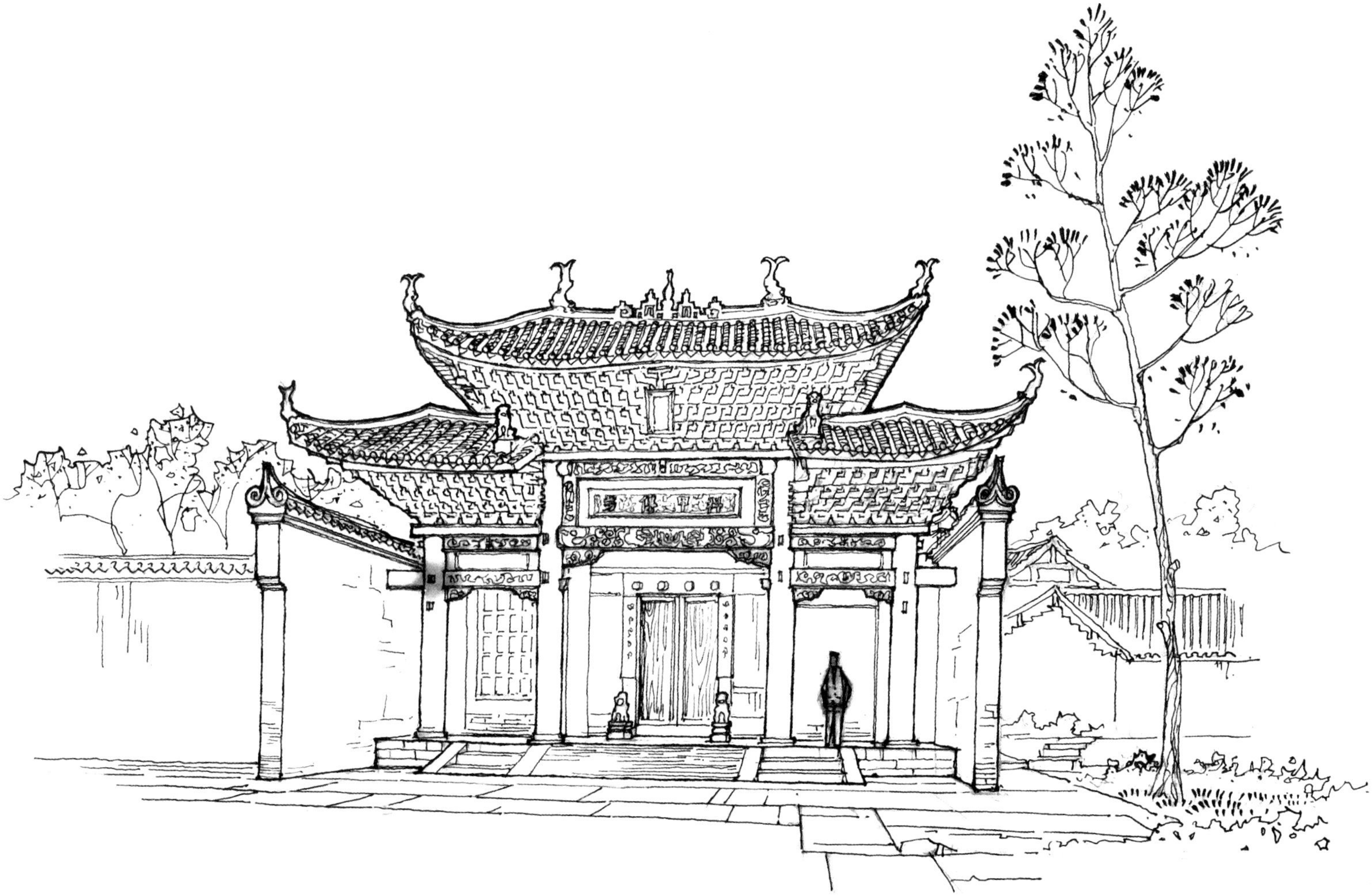

◎ 广西全州燕子窝楼

◎ 广西灌阳县月岭石牌楼

◎ 广西钦州冯子材故居

◎ 广西钦州刘永福故居

◎ 广西侗族农宅方案设计（用砖石代替易燃木结构）

下篇
水彩画

一、水彩速写

◎ 北京清华大学大礼堂

◎ 北京颐和园玉带桥

◎ 北京颐和园众香界

◎ 北京颐和园佛香阁

◎ 北京颐和园西堤

◎ **北京香山碧云寺**

◎ 北京圆明园海晏堂遗址

◎ 北京圆明园远瀛观遗址

◎ **北京圆明园大水法遗址**

◎ 北京清华大学荒岛雪景

◎ 北京清华大学胜因院雪景

◎ 北京清华大学西校门西河沿

◎ **浙江衢州农宅**

◎ 浙江衢州府山天主教堂

◎ **浙江常山农宅**

◎ 北京八达岭长城

◎ 广西桂林象鼻山

◎ 广西兴安县灵渠南陡阁

◎ 广西桂林七星岩公园襟江阁

◎ 广西右江浓雾

◎ 广西百色红军楼

◎ 广西藤县西江边明袁崇焕故居的大榕树

二、水彩渲染

◎ 小别墅方案设计

◎ 茶室立面设计

三、水粉渲染

◎ 深圳商贸楼方案设计

◎ 某剧院方案设计

四、水笔淡彩

◎ 福州鼓山花园别墅大门设计

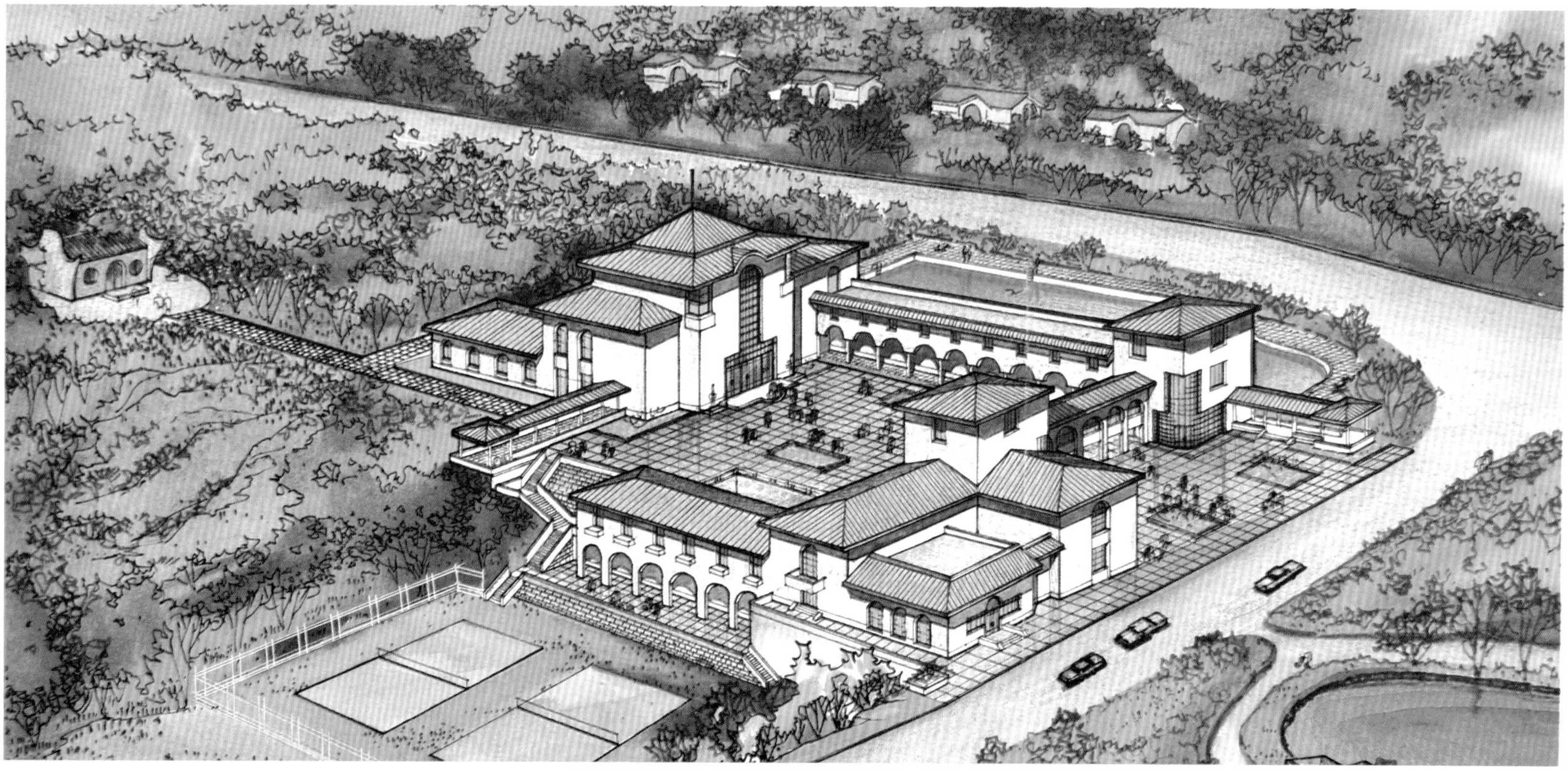

◎ 福州鼓山花园别墅会所设计

◎ 福州鼓山花园别墅 A 型方案设计

◎ 福州鼓山花园别墅 B 型方案设计

◎ 苏州浒关镇纪念碑方案设计

◎ 江苏省阜宁县土地管理局办公楼

◎ 无锡市城中村动迁住宅设计

◎ 桂林漓江剧院后台扩建方案设计

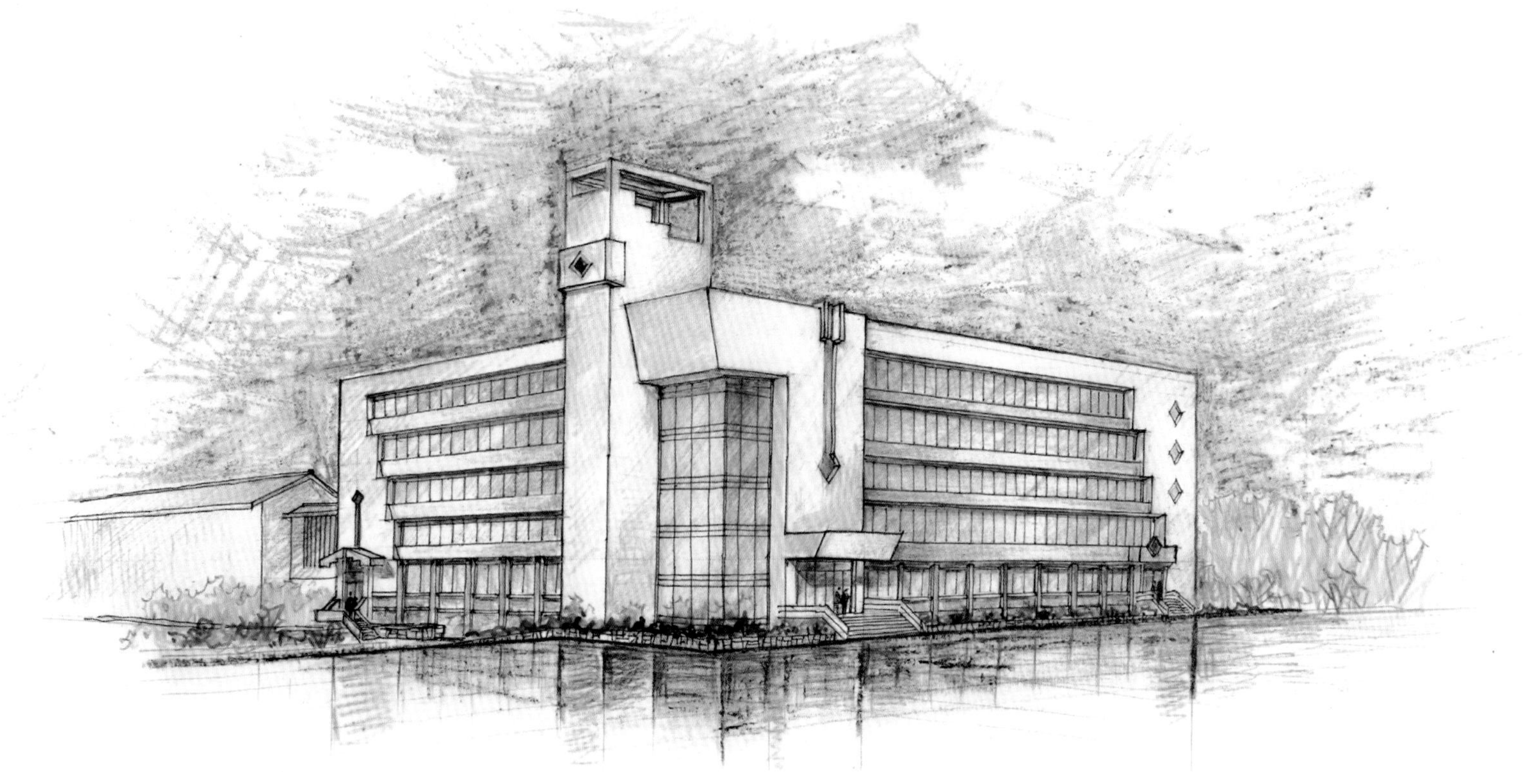

◎ 苏州某办公楼方案设计

◎ 苏州金阊区市民活动中心方案设计

◎ 浙江省虞山市秀峰寺方案设计

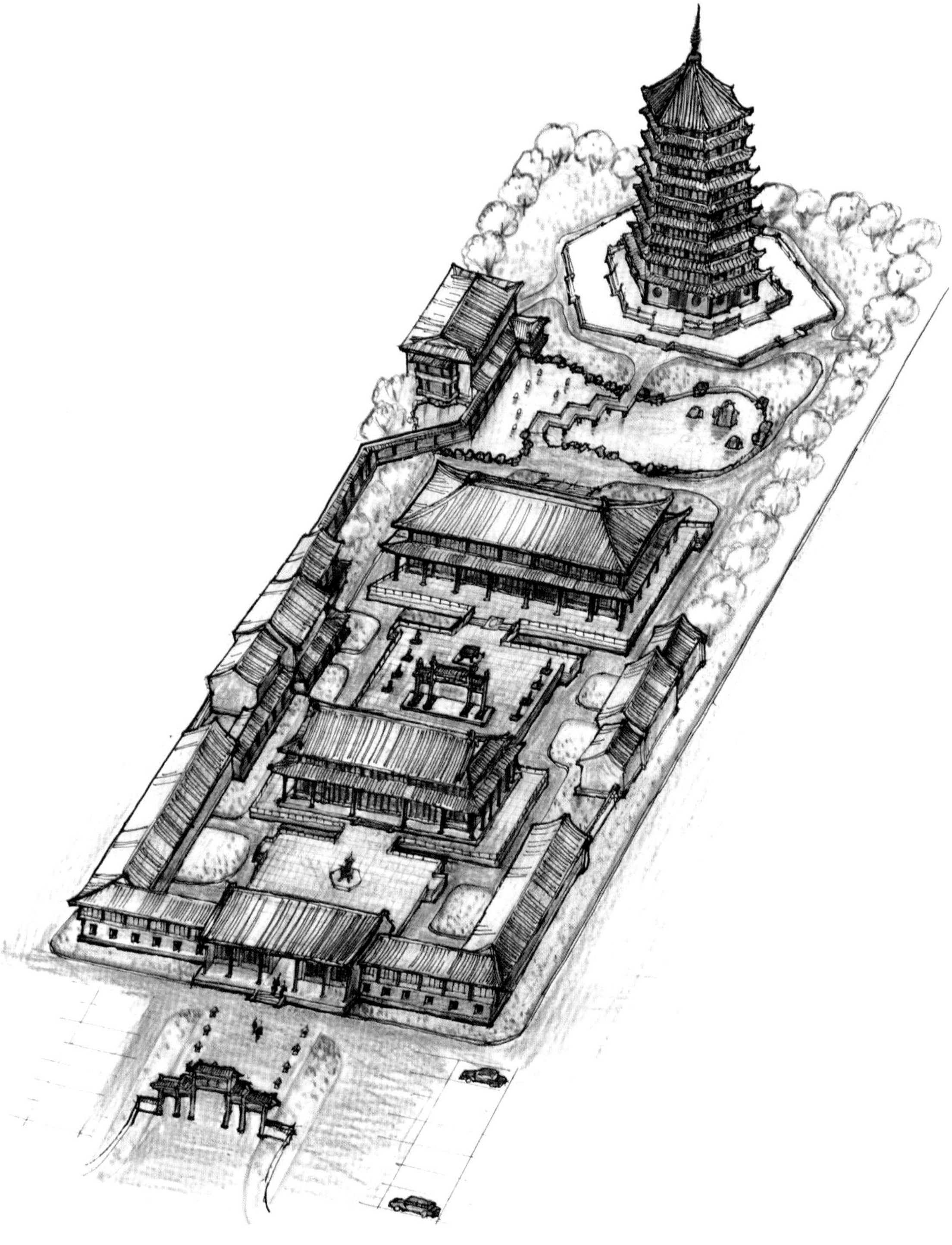

◎ 江苏省如东县道观方案设计鸟瞰图

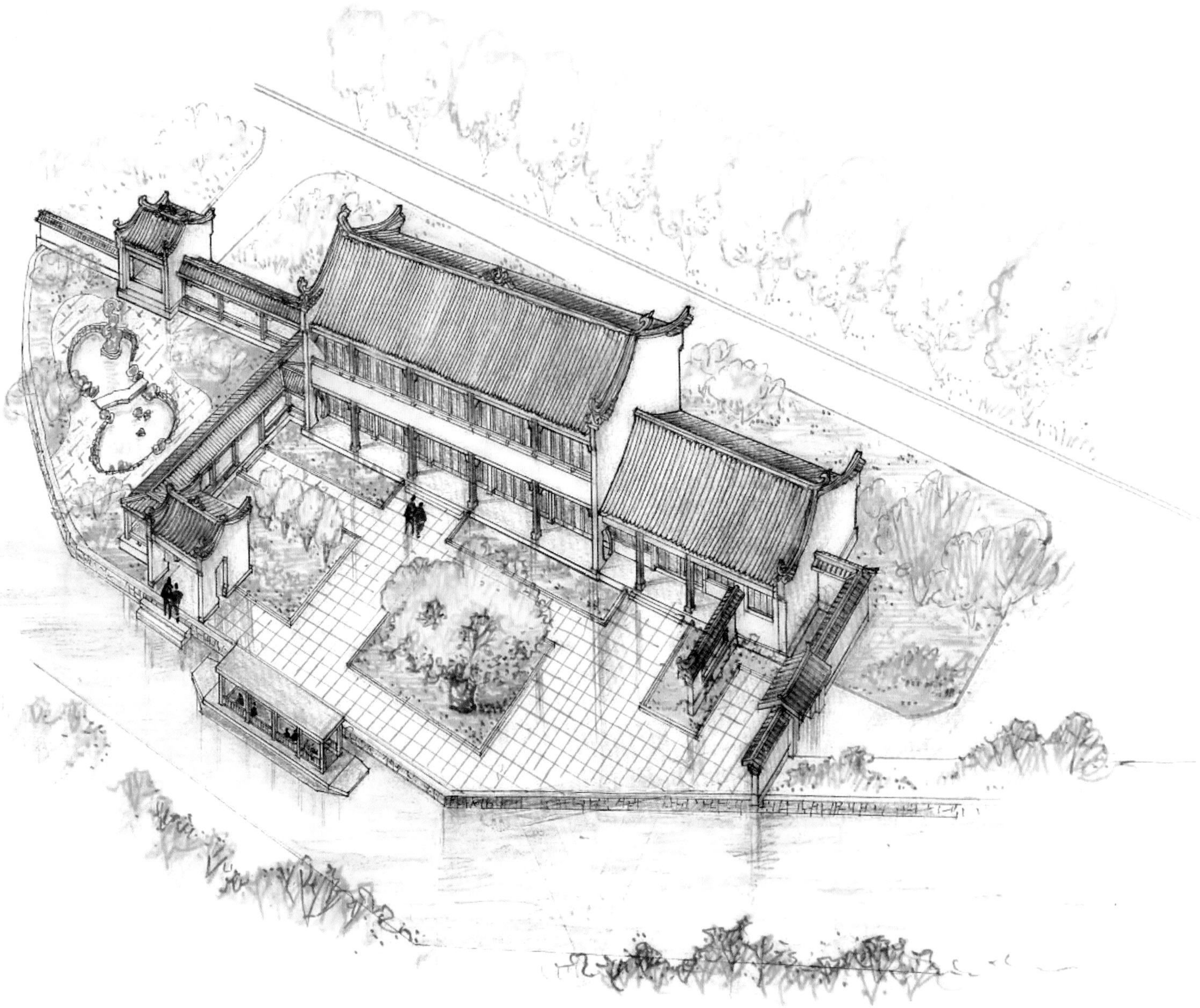

◎ 广西兴安县灵渠四贤祠设计

五、炭笔淡彩

◎ 桂林漓江剧院方案设计

后记

回想人的一生，最珍贵的时刻是在学校读书时，尤其是大学时期，因为它决定了你一生中所从事的专业工作。我大学毕业后经历了教学、科研和设计生产等工作，不同的工作岗位锤炼了我的各种技能。而最感自豪的是早年和晚年都从事的高教工作，为国家培养了众多人才。人的生命是有限的，可我培养的学生却延续了我从事建筑事业的生命，尤其到了晚年，看到一批批朝气蓬勃的年轻人在祖国各地做出许多有益的贡献，更倍感作为教师的自豪。

建筑是社会和自然科学互相交融的学科。建筑师既要有工程知识，更要有艺术修养，而且是范围相当广泛的科技与艺术涵养。美术更是重要的当家花旦。近几年随着电脑的普及，许多学建筑的学生不太注意手头功夫，字也写得很差，有时看字都不敢相信这是大学生，好像小学生写的字。长此以往会造成无源之水、根基不牢之厦，影响建筑事业的发展。故我很赞成在我国小、中、大学中提倡练毛笔字书法和仿宋字钢笔硬笔书法，应把书法写字看作是步入学术殿堂的步阶。此时发感慨是想借此机会向后生提醒要继承和创新前人的优良传统。

人到老时往往会感慨生命的短暂。意大利著名建筑师和雕刻家米开朗琪罗在他 89 岁高龄时说过：“当我感到好像刚刚才步入热爱的艺术大门时，而我的生命却要结束。”我对此颇有同感。回想当年在清华大学读书时，蒋南翔校长就呼吁：“要健康为祖国工作 50 年。”现在可以说我做到了。但是能为祖国做多大贡献呢？我却很惭愧，只能说此生尽力而为矣。但愿中国建筑学专业的学生和大批的青年建筑师在新的高科技时代将中国的建筑事业推向世界的前沿，为中华民族伟大的复兴梦而努力奋斗。

本书的出版首先感谢中国建筑工业出版社的吴宇江先生，由于他热情与真诚的协助才有机会付梓。其次是上海现代设计集团的高喆建筑师和苏州的黄佩、庄彦两位先生，本书的文字与图画电子文件全靠他们的辛劳付出。此外，苏州科技大学建筑学院的夏健、胡莹两位教授也给予了大力支持。在此一并表示深深的感谢。

高雷

2017 年 5 月 4 日于苏州